細胞進化の極限に挑んだ
単細胞生物のはなし

松岡 達臣
Tatsuomi Matsuoka

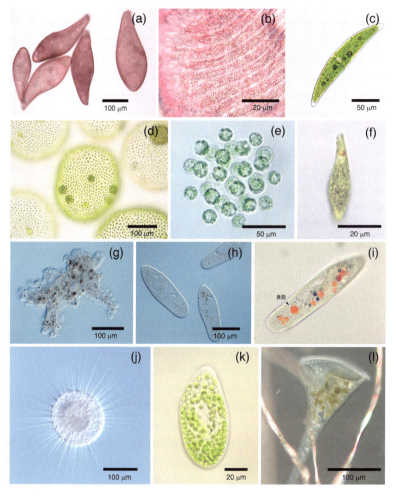

(a) ブレファリスマ（*Blepharisma japonicum*）、(b) ブレファリスマの表層部の拡大、
(c) ミカヅキモ（*Closterium moniliferum*）、(d) ボルボックス（*Volvox*）の一種、
(e) ユードリナ（*Eudorina*）の一種、(f) ミドリムシ（*Euglena gracilis*）、
(g) アメーバ（*Amoeba proteus*）、(h) ゾウリムシ（*Paramecium caudatum*）、
(i) コンゴレッドで染色したバクテリアを食わせて食胞を形成させたゾウリムシ
　　［舟谷亮二 博士 スマートフォンで撮影］、(j) 太陽虫（*Echinosphaerium*）の一種、
(k) ミドリゾウリムシ（*Paramecium bursaria*）、(l) ソライロラッパムシ（*Stentor coeruleus*）
　　［舟谷亮二 博士 撮影］

はじめに

　ゾウリムシやアメーバなどに代表されるような単細胞生物は、地球上に初めて原始の細胞が誕生してから今日まで40億年もの間、多細胞への道を選ばず、単細胞レベルで進化した生き物です。多細胞動物の場合は、光などの環境シグナルを受容する細胞、そのシグナルを伝達する神経系、応答のための筋肉といったように、個々の細胞は分化（特殊化）していますが、単細胞生物では、すべての機能が1つの細胞に備わっています。このため、単細胞生物は、多様な細胞小器官を発達させ、うまく環境に適応しています。まさに40億年を費やした細胞進化の極限への挑戦とも言えるでしょう。

　本書では、そのような真核単細胞生物（バクテリア以外の単細胞生物）の構造と機能、生活様式などについて紹介します。

第1章　単細胞生物の出現と進化 ……………………………… 9

真核単細胞生物と原核単細胞生物 ……… 10
微生物は自然発生する？ ……… 13
滅菌法の確立 ……… 16
生命の起源：40億年前に原始単細胞生物が出現した ……… 16
真核単細胞生物の分類学的な位置づけ……… 17
バクテリアの共生によって真核単細胞生物が生まれた ……… 20
二次共生：単細胞の緑藻がミドリムシなどの葉緑体になった ……… 22
紅藻が二次共生することによって生まれた生物 ……… 24
石油をつくる藻類の発見 ……… 26
襟鞭毛虫が動物に進化した ……… 26

第2章　繊毛虫の有性生殖と老化 ……………………………… 29

性は2つとは限らない ……… 30
ゾウリムシの接合 ……… 31
小核の運命を決めるのは何か？ ……… 33
若返り物質の発見 ……… 35
不老不死と引き換えに獲得した「性」 ……… 37
細胞分裂回数を数えるカウンター ……… 38
「ゾウリムシ」は本当の種ではない ……… 40

第3章　単細胞生物の生活様式と多様性 ……………………………… 43

「狩り」をする繊毛虫 ……… 44

防御のための細胞小器官：トリコシスト ……… 45

繊毛運動のしくみ ……… 46

細胞性粘菌：「カビ？」に変身するアメーバ ……… 52

真正粘菌：巨大な単細胞生物 ……… 54

ヒト食いアメーバと赤痢アメーバ ……… 54

角膜炎を起こすアカントアメーバ ……… 56

ATPのエネルギーを必要としないツリガネムシの収縮系 ……… 56

太陽虫の未知の収縮系 ……… 58

珪藻の滑走運動：何のために動く？ ……… 61

収縮胞の多様性 ……… 63

ピンク色の繊毛虫ブレファリスマ ……… 65

ミドリムシの正の走光性：光の方向を知るしくみ ……… 68

ゾウリムシ：泳ぐ神経細胞 ……… 70

第4章　陸上環境への適応戦略 …………………………… **77**

休眠シスト ……… 78

コルポーダの生活史 ……… 80

休眠細胞の形づくり ……… 82

休眠シスト形成に伴う遺伝子の切り替え ……… 84

休眠に伴ってミトコンドリアも休眠する ……… 87

命がけの脱シスト ……… 89

ユニークな細胞分裂様式 ……… 91

コルポーダの驚異的な紫外線耐性 ……… 92

第1章

単細胞生物の 出現と進化

Single cell organism

真核単細胞生物と原核単細胞生物

　単細胞生物とは、たった1個の細胞からできている生き物のことです。しかし、同じ単細胞生物でも、大腸菌とゾウリムシとでは細胞の構造は全く違っています。たとえば、バクテリア（細菌）には核構造や細胞小器官がありません（図1）。このため、大腸菌などのようなバクテリアは原核単細胞生物、ゾウリムシなどは真核単細胞生物と呼んで区別しますが、本書では、真核単細胞生物を「単細胞生物」ということにします。

　近年、DNAなどの塩基配列を比較する分子系統解析などにより、下等生物の分類体系が見直されました。このため、長い間なじみ深かった「原生動物」という分類学用語が消えてしまいましたが、本書では、真核単細胞生物のうちの動物的なものを原生動物と呼ぶことにします。

　原生動物を初めて発見したのは、レーウェンフック（1632–1723）という人です。織物の店を経営する傍ら、1674年に自作の顕微鏡を使って水中の原生動物を、そして1683年には口の中にすむバクテリアを発見しました。彼の顕微鏡は、径1〜2mmのガラス球（レンズ）を金属板にはめ込んだもので、このガラス球を直接覗いて反対側に置いた試料を観察するというシンプルなものでした。

　顕微鏡を作ったのはレーウェンフックが最初ではありませんでしたが、彼の顕微鏡は性能がよく、最大倍率は200倍以上もあったようです。図2は、レーウェンフック型の顕微鏡（TOCOLレーウェンフック式 スマホ86顕微鏡 Pro&3D）の模式図です。図3

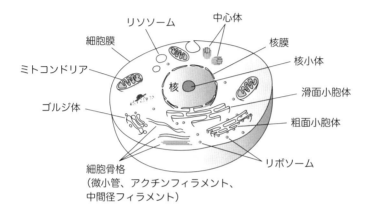

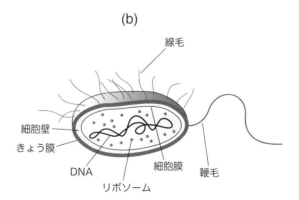

図1 動物細胞（真核細胞）(a) とバクテリア細胞（原核細胞）(b)

は、この顕微鏡を使って、ミカヅキモをスマートフォンで撮影したものです。顕微鏡といっても、単なる1個のガラスビーズですが、これだけ見えるのは驚きです。

　通常の顕微鏡写真も今ではスマートフォンカメラで撮影できます。口絵 (i) のゾウリムシの食胞の写真は、通常の顕微鏡の接眼レンズにスマートフォンをぎりぎりまで近づけて撮影したものです。スマートフォンカメラの性能はとてもよく、学術論文等に十分使えるくらいの写真を撮影することができます。

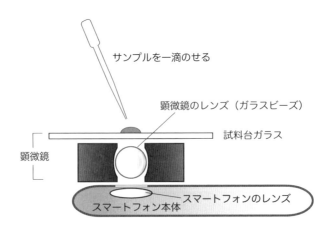

図2　レーウェンフック式顕微鏡をスマートフォンの上に置いたときの模式図（横から見た図）

図3 レーウェンフック式顕微鏡をスマートフォンの
上に置いて撮影したミカヅキモ（松岡 光 撮影）

微生物は自然発生する？

　2000年もの間続いた「ほ乳類や昆虫などの自然発生説」に関する論争は、17世紀後半には終止符が打たれましたが、原生動物やバクテリアが発見されると、自然発生説に関する論争はすぐに再燃しました。沸騰するまで熱した肉スープをビンに入れ、コルクで栓をしておいても数日後には微生物が発生することから、イギリスの科学者でありカトリック司祭でもあったニーダム（1713–1781）は、「微生物の自然発生説」を提唱しました。
　しかし、空気中からの微生物の混入を疑ったイタリアの科学者スパランツァーニ（1729–1799）は、スープを1時間加熱した後、

フラスコの口を加熱して融かして密閉しました。このスープの中には微生物が全く発生しませんでしたが、フラスコの口の部分を壊して空気が入ってくるようにすると、しばらくすると微生物が発生しました。このことから、スパランツァーニは、「微生物は自然発生するのではなく、空気中を漂っていた微生物がフラスコの中に入ってきて増殖したのだ」と主張しました。

ところが、ニーダムたちは、スパランツァーニがスープを加熱しすぎたため、フラスコのなかの空気が壊れてしまったことが原因で生命が自然発生できなかったのだと反論しました。これにはスパランツァーニもうまく答えることができなかったようです。

それから約100年も経ってから、フランスの科学者パスツール

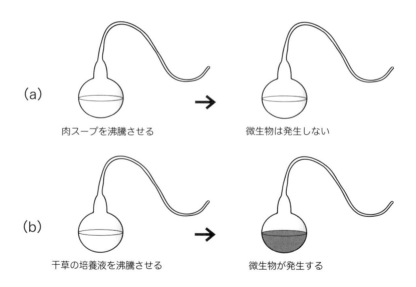

図4 白鳥の首型フラスコを使ったパスツールの実験（a）とプーシェの実験（b）

（1822–1895）が、白鳥の首型のフラスコ（図4）をつくって、ニーダムたちが指摘した「空気の問題」を解決したのです。このフラスコに入れた肉スープを沸騰させると、これがさめるとき、フラスコの首の内壁にはたくさんの水滴がつきます。外から新鮮な空気と共に、空気中を漂っている塵（塵にはバクテリアの胞子が付着している）もフラスコ内に入ってきます。しかし、塵はフラスコの首の内壁についている水滴に吸着されるので、スープにまでは入ってこないのです。そして、パスツールが期待した通り、このスープには微生物は全く発生しなかったことから、長年続いた自然発生説の論争にとうとう決着がついたかにみえました。

　フランスの科学者プーシェ（1800–1872）は、パスツールのフラスコに干し草の煮汁を入れて追試実験をしました。その結果は驚くべきもので、液中には微生物が発生したのでした。

　それからしばらく経った1877年に、イギリスの科学者チンダル（1820–1893）によってその原因が解明されました。干し草には100℃では死なない耐熱性のバクテリアの胞子（芽胞）が付着していることがわかったのです。プーシェの培養液に微生物が自然発生したようにみえたのは、この耐熱性の胞子が発芽したためであると思われます。

　土壌に生息する原生動物も休眠シスト（バクテリアの胞子に相当）になり、このなかには耐熱性のものもいます。図35に示す土壌性繊毛虫のコルポーダの休眠シスト（b、c）も、乾燥状態だと短時間であれば100℃近くの温度にも耐えることができます。チンダルの発見により、ついに自然発生説の論争に終止符が打たれ、現在の地球上で微生物が自然発生する可能性はほとんどない、と考えられるようになりました。

滅菌法の確立

　チンダルは、耐熱性の胞子を殺すには、毎日 30 分間ずつの煮沸を 3 日続けて行えばよいことを発見しました。1 日目の煮沸で通常の生身の細胞（栄養細胞）が死滅し、胞子は発芽し始めます。2 日目の煮沸で発芽した胞子が死滅し、3 日目の煮沸では遅れて発芽した胞子が死滅します。このような滅菌法は、間欠滅菌法と呼ばれています。

　現代は、オートクレーブと呼ばれる高圧蒸気滅菌装置を使って滅菌します。オートクレーブは、いわば大型の家庭用圧力釜です。圧力釜に水を入れてふたをして加熱していくと、内部の圧力が上がっていきます。圧力が上がると水の沸点は上がるので、液体の温度を 100℃以上にすることができます。オートクレーブを使って培養液などを滅菌する場合、121℃で 20 分間滅菌します。100℃では死なない胞子やシストも、さすがに 121℃では短時間で死滅するのです。

生命の起源：40億年前に原始単細胞生物が出現した

　現在の地球上で生物が自然発生しないとなると、地球上の生命体はどこからきたのでしょうか？　地球が誕生した 45 億年前は高温であり、生物は生存できなかったはずです。では、地球の温度が低くなってから、他の天体からやってきたのでしょうか？　上

昇気流に乗って胞子などが宇宙に飛び出すことができたとしても、宇宙空間を飛び交う宇宙線（放射線）に耐えられるとは考えられません。また、地球に突入するとき摩擦熱で燃え尽きてしまうでしょう。

　このような理由で、原始地球上で物質から生命が誕生したと考えるのが妥当です。この考えは、1920年代にロシアの科学者オパーリンらによって「化学進化による生命起源説」として提唱されました。生物のからだを構成する元素の99％は、C、H、O、N、P、Sで、これらの元素は原始地球上では、アンモニア、メタン、水素、硫化水素、リン酸などとして存在したと考えられています。オパーリンは、原始地球上で、これらの物質が反応し合って、生命活動を担うタンパク質の部品であるアミノ酸や、生命情報を担う核酸（DNAやRNA）の部品ができたと考えました。さらに反応が進んで、タンパク質、核酸といった有機の高分子がつくられ、それらが膜に囲まれて独自の化学進化を遂げ、ついに原始の単細胞生物が誕生したというのです。

　生命誕生からおよそ40億年経つと考えられていますから、現存の単細胞生物の多様な構造や機能は、気の遠くなるような長い年月をかけてつくられたものなのです。

真核単細胞生物の分類学的な位置づけ

　ホイタッカーは1969年に、生物を、モネラ（原核生物）界、原生生物界、植物界、動物界、菌界の5つのグループ（界）に分ける5界説を提唱しました（図5）。

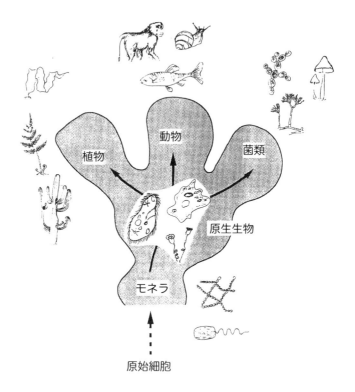

図5 ホイタッカーの5界説 ［文献(1)より転載；松岡節子 作図］

　ホイタッカーの5界説では、コンブなどの多細胞の藻類は植物界に入れられていましたが、その後提唱されたマーグリスの5界説では、これらは原生生物界に移されました。一部の多細胞生物を含みますが、原生生物界を構成する生物の多くは真核単細胞生物です。
　近年、リボソームRNAなどの塩基配列を比較する分子系統解析

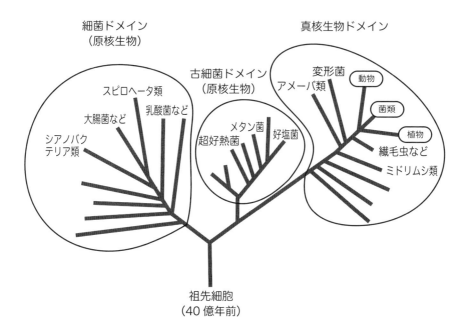

図6　分子系統解析による系統樹

により、現存する生物は、細菌、古細菌、真核生物の3つの大きなグループ（ドメイン）に分けるやり方が採用されるようになりました（図6）。図6の系統樹に示すように、動物、植物、菌類以外の真核生物が原生生物であり、このグループが非常に多様な生物群であることがわかります。

バクテリアの共生によって真核単細胞生物が生まれた

およそ20億年前、すでに膜系が発達していた大型の祖先真核単細胞生物と、それまでは食べられていた好気性細菌の共生が成立しました。

地球上には、最初は酸素がありませんでしたが、この頃にはシアノバクテリアの光合成により酸素が蓄積していました。この酸素を利用してエネルギーをつくることができるようになっていたのが好気性細菌だったのです。細胞内に共生した好気性細菌は、大型の単細胞生物に食われる危険がなくなり、宿主細胞は多量のエネルギーをつくってもらうことができるようになりました。この細胞内共生した好気性細菌がミトコンドリアの祖先です。

ミトコンドリアは2枚の膜で囲まれていますが、内膜が好気性細菌の細胞膜、外膜が宿主細胞の食胞膜に由来すると考えられています（図7）。ミトコンドリアを獲得した真核単細胞生物の一部は、その後シアノバクテリアも共生させ、これが葉緑体になりました。これまで、葉緑体の内膜はシアノバクテリアの細胞膜で外膜が宿主細胞の食胞膜に由来すると考えられていましたが、最近は、内膜と外膜はそれぞれ、シアノバクテリアの内膜と外膜（シアノバクテリアは2枚の細胞膜に囲まれている）に由来すると考えられるようになりました（図7）。葉緑体の外膜とシアノバクテリアの外膜には共通するタンパク質が含まれることが、その根拠となっています。

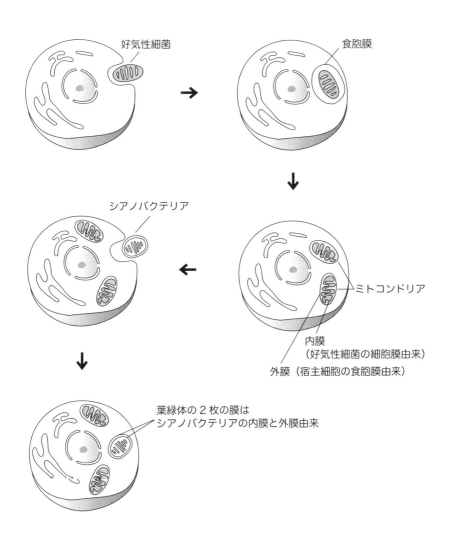

図7 一次共生のプロセス

二次共生：
単細胞の緑藻がミドリムシなどの葉緑体になった

　ミドリムシやクロララクニオン植物（糸状仮足をもつアメーバ様の単細胞生物で有孔虫類に近縁；図9参照）の葉緑体は、一次共生によって獲得した葉緑体ではありません。

　これらの生物は、もともと葉緑体をもっていなかったのですが、単細胞の緑藻が共生し、これが葉緑体になったのです。その証拠に、ミドリムシの葉緑体の膜は3枚の膜、クロララクニオン植物の葉緑体は4枚の膜に包まれています（図8）。

　ミドリムシの場合、1枚の膜は退化したようです。したがって、色も生活様式もよく似ているミドリムシと単細胞緑藻のクラミドモナスは全く異なる生物なのです。分子レベルの解析でわかった

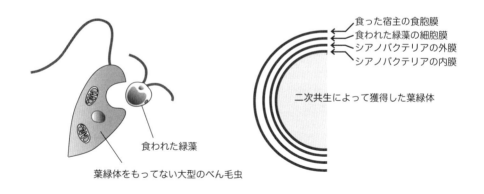

図8　二次共生のプロセス

ことですが、驚くべきことに、ミドリムシは寄生性の病原虫であるトリパノソーマに近いのです（図9参照）。

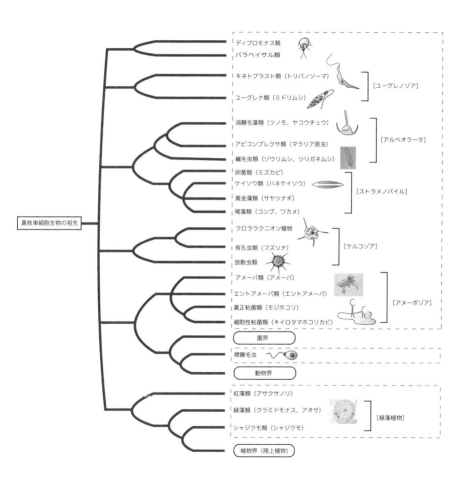

図9　真核生物の系統（破線枠は原生生物）[キャンベルの生物学 第7版（丸善）を参考に作図]

繊毛虫のなかには、ミドリゾウリムシ（口絵k）のように、緑藻のクロレラが共生しているものがいます。遠い将来、このクロレラが葉緑体になるのかも知れません。

紅藻が二次共生することによって生まれた生物

　シアノバクテリアの共生によって葉緑体を獲得した単細胞生物は、緑藻や紅藻に進化しました。

　紅藻はクロロフィルだけでなく、フィコエリスリンという色素をもち、これが多いと紅色になります。単細胞の紅藻が二次共生することによって多様な単細胞生物が生じました。

　これらは、アルベオラータとストラメノパイルと呼ばれるグループの生物群です（図9）。アルベオラータにまとめられている生物群の形態的な特徴は、細胞膜直下にアルベオラスという扁平な小胞が並んでいることです（図10）。

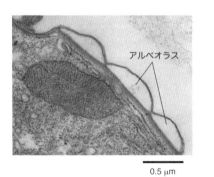 

図10　コルポーダの細胞表層部の透過型電子顕微鏡写真　［文献（2）より改変］

このグループには、渦鞭毛藻類、繊毛虫類、アピコンプレクサ類が入ります。渦鞭毛藻類のなかでよく知られているのがツノモやヤコウチュウといった植物プランクトンです。分子系統解析がなされるまでは、外見からは想像もつかなかったことですが、渦鞭毛藻類は、マラリア原虫などのアピコンプレクサ類やゾウリムシなどの繊毛虫類と近縁です（図9）。

　渦鞭毛藻類の約半数くらいが葉緑体をもっていますが、葉緑体は3枚の膜に囲まれていて、これは二次共生によって葉緑体を獲得したことを物語っています。従属栄養の渦鞭毛藻類やアピコンプレクサ類では、葉緑体は退化したと考えられます。実際、アピコンプレクサ類のトキソプラズマ原虫では、退化した痕跡的な葉緑体が見つかっています。これらの寄生性の病原虫は、かつては光合成を行って生活していた単細胞生物だったのです。

　ストラメノパイルというグループには、単細胞生物だけでなく、コンブやワカメなどの多細胞の褐藻類も含まれます。ストラメノパイル類の葉緑体も、二次共生した紅藻に由来します。同じ海藻でも、褐藻類のコンブと紅藻類のアサクサノリや緑藻類のアオサとは遠い関係にあるのです（図9）。

【解説】

原虫

原生動物と同じ意味ですが、普通、病原性の原生動物を原虫と呼びます。

石油をつくる藻類の発見

　筑波大学の渡邊らは、効率よく油を生産する藻類を発見しました。これは、ストラメノパイルに属するオーランチオキトリウムという単細胞の藻類で、葉緑体をもたず有機物を分解して生育します。琵琶湖の半分くらいの広さで深さ 10m の池でこの藻類を培養すれば、日本の 1 年分の石油をまかなえると試算されています。

　石油燃料は、大気中の二酸化炭素量の削減に貢献しない時代遅れのエネルギー源ですが、藻類が生産する石油を消費する場合は、地球上の二酸化炭素の循環の一部分なので地球上の二酸化炭素量は増えないそうです。何億年も前の地下に眠っている二酸化炭素を石油として掘り出して使うから、大気中の二酸化炭素が増えるのです。

襟鞭毛虫が動物に進化した

　分子系統解析により、動物の起源は襟鞭毛虫というたった 10 マイクロメートルにも満たない単細胞生物であることがわかってきました（図 9 参照）。

　ほとんどの鞭毛虫では、鞭毛が細胞前端部についているのに対して、襟鞭毛虫類では 1 本の鞭毛がヒトの精子と同じように細胞の後方ついています。このため、襟鞭毛虫類と動物は、後方鞭毛生物と呼ばれています。

カイメンは、進化的に最も古い動物と考えられていて、カイメンにみられる襟細胞は、襟鞭毛虫とそっくりです。10億年くらい前に、襟鞭毛虫は多細胞化してカイメンのような動物になったのでしょう。

第2章

繊毛虫の
有性生殖と老化

Single cell organism

性は２つとは限らない

代表的な原生動物であるアメーバなどには、オス、メスのような性はないようですが、ゾウリムシなどでは性があり、異なる性（接合型）の個体どうしが互いに接着する接合という方法で有性生殖をします。

ゾウリムシの性は２つですが、ミドリゾウリムシでは４つの性をもつタイプと、８つの性をもつタイプが知られています。それどころか、ある繊毛虫では、なんと 48 種類も性が存在します。そして、自分と違う性の個体であれば、どれと交配しても子孫を残すことができます。

では、なぜそんなにたくさん性が存在するのでしょうか？　性の種類が多いほど異性と巡り会うチャンスが増え、子孫を残せる可能性が高くなるからかもしれません。性が２つしかない場合、２つの個体が出会ったとき、相手が異性である確率は 1/2 です。性が 48 種類存在する場合は、その確率は 47/48 です。比較的狭い空間に同じ種が多数存在する場合は、性が２つでも問題ありません。しかし、広い池にわずかしかいないような種では、同種の個体どうしが出会う可能性はきわめて低いため、出会った場合は、ほぼ確実に異性である必要があるのでしょう。

ゾウリムシの接合

　ゾウリムシの接合型は、EとOの2タイプで、これがオスとメスに相当します。EとOのクローンを混ぜると、すぐに交配反応（凝集反応）がおきます（図11）。交配反応は、単離した繊毛でも誘導できるので、この反応に関わるタンパク質は繊毛膜に存在すると考えられます。
　EとOのクローンを混合してから2時間くらい経つと、接合対が泳ぎだしてきます（図11）。半日くらい接合対を形成したまま泳いでいますが、この間に互いの遺伝子を半分ずつ交換します。

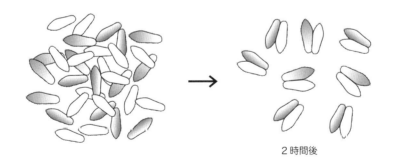

図11　ゾウリムシの交配反応

　では、どのような方法で遺伝子を交換するのでしょうか？

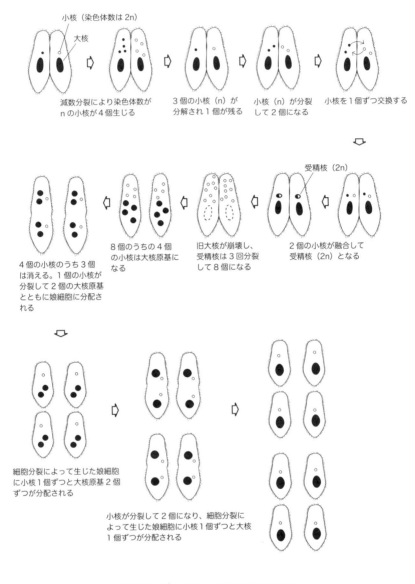

図12 ゾウリムシの接合中の核分化

図12 に、接合中の核の変化や核の交換の方法を示します。ゾウリムシは 1 個ずつの大核と小核をもっていますが、通常ゾウリムシが生きていくためには、大核の遺伝情報を使っています。接合対が形成されると、小核（染色体数は 2 n）が減数分裂し染色体数が半分になります。4 個の小核のうちの 3 個は分解され、残った 1 個が分裂して 2 個の小核（染色体数は n）が生じます。続いて、小核 1 個を互いに交換し、これらが融合して 2 n の受精核が生じます。受精核は続けて 3 回分裂し 8 個になり、この時期には古い大核が崩壊していきます。8 個の小核のうち 4 個は将来大核になるので、大核原基と呼ばれます。残りの 4 個は小核のままです。4 個の小核のうちの 1 個の小核は分裂し、細胞分裂によって生じた娘細胞に 1 個ずつ分配されます。このとき、4 個の大核原基は 2 個ずつ娘細胞に分配されます。残りの 3 個の小核は、分裂せずにその後しばらく存在しますが、いずれ消えてしまいます。2 個の大核原基と 1 個の小核をもつ細胞が引き続いて分裂しますが、このとき小核は分裂して娘細胞に 1 個ずつ分配されます。1 細胞に 2 個あった大核原基も 1 個ずつ娘細胞に分配されます。

　このようにして、最終的に 1 個の大核と 1 個の小核をもつ細胞が 8 個生じます。

小核の運命を決めるのは何か？

　前述したように、ゾウリムシでは、接合後すぐに小核が減数分裂して 4 個になり、その後 3 個の小核は分解されます。生き残る小核と消滅する小核の違いは何でしょうか？　4 個になると同時

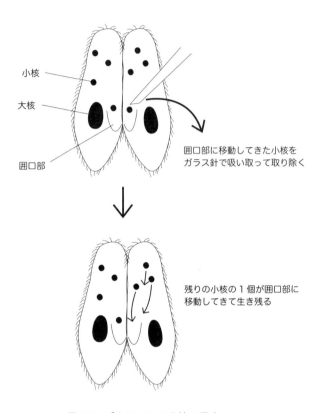

図13 ゾウリムシの小核の運命

にその運命は決まっているのでしょうか？

　この答えは、宮城教育大学の見上らによって明らかにされました。4つの小核は競って囲口部の方向に移動しますが、囲口部に入り込めるのは1個だけなのです。囲口部に入り込んだ小核は、かご状のシェルターに囲まれて保護されますが、入り込めなかった3個の小核は分解されてしまいます。囲口部に入り込んだ小核をすぐにガラス針で吸い取って抜き取ると、別の小核が入りこんで生き残ります（図13）。このことから、どの小核も運命が最初か

ら決まっているのではないことがわかります。

　接合中のゾウリムシから大核を抜き取ると、小核は分解されません。この時期には、大核のある遺伝子が発現して、小核を分解するタンパク質がつくられると思われます。

【解説】

遺伝子の発現

遺伝情報に基づいてタンパク質や細胞内で機能する RNA が合成されることをいいます。遺伝情報のすべてが常に発現している訳ではなく、必要なときのみ発現するように調節されています。

若返り物質の発見

　接合してから 50 回くらい分裂するまでは、接合できない性的な未熟期です。未熟期のゾウリムシの細胞質を成熟期のゾウリムシに注射すると、一時的に未熟期になることから、未熟期のゾウリムシの細胞質中には「若返り因子」が存在すると思われます。

　1981 年に、当時、東北大学にいた芳賀と樋渡は、未熟期のゾウリムシをすりつぶし、細胞内の数多くの分子の中から、ゲル濾過クロマトグラフィやイオン交換クロマトグラフィにより若返り因子の単離に成功しました。この分子は、分子量 10,000 のタンパク質で、イマチュリンと命名されました（図 14）。

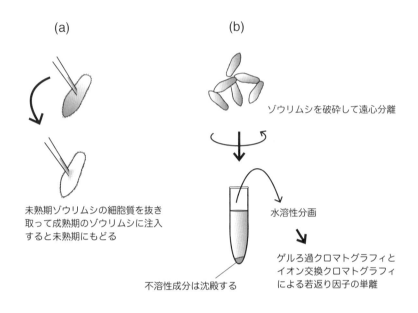

図 14　ゾウリムシのイマチュリンの単離

【解説】
ゲル濾過クロマトグラフィとイオン交換クロマトグラフィ
ゲル濾過クロマトグラフィは、タンパク質を分子の大きさの違いで分離する方法です。イオン交換クロマトグラフィは、タンパク質の電荷の違いを利用して分離する方法です。

不老不死と引き換えに獲得した「性」

　ゾウリムシは、未熟期が過ぎると成熟期に入り、接合できるようになります。500回くらい分裂すると老化して死んでしまいますが、接合すれば若返ります。アメーバのように性がないものは事故にでも遭わない限り不老不死ですが、性があるものは老化してしまいます。おそらく、有性生殖の生物学的意義は、絶え間なく変化する環境を生き抜くために、多様な遺伝子組成を獲得した個体をつくることですから、親が生き続けることは進化の妨げになるのでしょう。

　進化の過程で、生物は不老不死と引きかえに、有性生殖という多様な子孫を残すという手段を選択したのです。老化は、機械が摩耗してポンコツになるのとは違って、決まった回数の細胞分裂をした細胞は強制的に分裂が停止させられ、最終的には殺されてしまう現象のようです。実際、ヒトの体細胞をシャーレで培養すると、50回〜100回くらいしか分裂できません。

　このような細胞老化が個体の老化の根本的な原因ですが、本来はヒトを含めた有性生殖をする生物の体細胞は不老不死なのでしょう。その証拠に、ガン細胞は不老不死です。

　ところで、細胞分裂を何回したかというカウンターはどこにあるのでしょうか?

細胞分裂回数を数えるカウンター

　DNA の末端部分はテロメア DNA と呼ばれ、この部分には遺伝子はなく、単純な塩基配列の繰り返しがみられます。繊毛虫のテトラヒメナの場合、DNA の 5' 側から TTGGGG が 70 回くらい、ヒトの場合 TTAGGG が 2000 回くらい繰り返されています。

　細胞分裂に先立って DNA は複製されますが、複製のたびに DNA の端から 10 塩基くらい短くなっていきます。テロメア部分には遺伝子がないので、当面は削れても問題はないのですが、いずれは遺伝子が書き込まれた部分まで削れ、大変なことになります。DNA をもとの長さにもどすしくみがなければ、地球上にいる生物はとっくに絶滅しているはずです。

　DNA の長さをもとにもどす酵素は、1984 年にカリフォルニア大学バークレー校のブラックバーンと、当時ブラックバーン研究室の大学院生であったグライダーによって発見されました（2009 年ノーベル生理学・医学賞）。グライダーは、人工的に合成したテロメア DNA（TTGGGGTTGGGGTTGGGGTTGGGG）をテトラヒメナテ・ピリフォルミスという不老不死のタイプの繊毛虫の細胞抽出液に入れました。すると、このテロメア DNA が伸長したのです！この発見は、1984 年のクリスマスの日だったそうです。この因子は熱に弱く、タンパク質分解酵素で処理すると不活性化されることから、酵素であると考えられました。グライダーとブラックバーンは、この因子をテロメラーゼと呼びました。そして、数年かけてテトラヒメナの細胞抽出液に存在する膨大な数のタンパク質

の中からテロメア DNA を伸ばす因子を単離し、この因子がテロメア配列の鋳型となる RNA とタンパク質の複合体であることを明らかにしたのです。

　ヒトの場合、体細胞ではテロメラーゼは発現していませんが、生殖細胞では発現しています。このため、体細胞では分裂のたびに DNA が短くなっていきますが、生殖細胞では短くならないので、受精卵の DNA は全く削れていません。

　驚くべきことは、ガン細胞でもテロメラーゼが発現しているという事実です。不老不死のテトラヒメナや不老不死のガン細胞でテロメラーゼがつくられているという事実は、テロメラーゼが発現している細胞は不老不死なのではないかということを想像させます。テロメア DNA の長さがある程度まで短くなると、細胞は分裂できなくなり、細胞のアポトーシス（プログラムされた細胞死）が誘導されることがわかっています。テロメラーゼが発現している細胞ではアポトーシスが起きない訳ですから、不老不死なのです。

　不思議なことに、同じ繊毛虫のゾウリムシでは、常にテロメラーゼが発現しているにも関わらず老化します。ゾウリムシの場合、分裂回数をカウントし老化させるしくみは、テトラヒメナや動物とは異なっていると考えられています。

【解説】
複製のたびに DNA が短くなっていく理由
DNA 鎖（二重らせん構造）や RNA 鎖（一本鎖）はひも状の構造ですが、これには構造的に方向性があります。そして、DNA も RNA も、5' から 3' 方向に合成されます。このため、5' 末端と 3' 末端という呼び方で、ど

ちら側の末端かを区別しています。

DNAの鎖上には、生命情報を担う4種類の塩基［アデニン（A）、グアニン（G）、シトシン（C）、チミン（T）］が並んでいます。複製に先立ってDNAの2本の鎖はほどけ、それぞれの鎖（鋳型鎖）が鋳型となって新しい鎖（娘鎖）が合成されます。このとき、GとC、AとTが対になるようにして鎖は伸びていきます。

DNAの鎖を伸ばすのはDNAポリメラーゼという酵素ですが、何もないところから新しい鎖（娘鎖）を伸長させることはできません。「足場」が必要なのです。この足場は塩基数が10個程度のRNAの鎖で、これをRNAプライマーといいます。これはDNAポリメラーゼとは異なる酵素によって合成されます。最終的にRNAプライマーは除去されるので、娘鎖の5'末端は短くなってしまいます（図参照）。

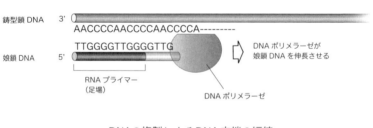

DNAの複製によるDNA末端の短縮

「ゾウリムシ」は本当の種ではない

実は、私たちがゾウリムシ（学名：*Paramecium caudatum*）と言っている種類は、形態的には全く同じ16種類のゾウリムシの寄せ集

40頁「DNAの複製によるDNA末端の短縮」の図を訂正いたします。

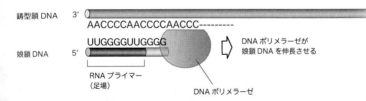

[訂正] p. 40

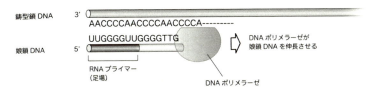

解説　DNAの複製によるDNA末端の短縮

[改訂] p. 23

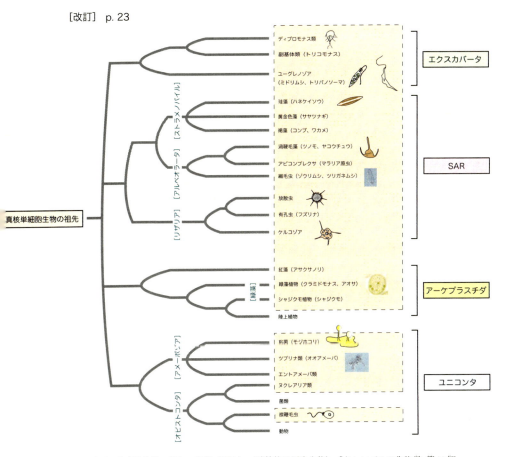

[改訂] 真核生物の新しい系統（図9）（破線枠は原生生物）［キャンベルの生物学 第11版（丸善出版）をもとに作図］

めです。16 種類のゾウリムシは、それぞれシンジェン 1、シンジェン 2、というように呼ばれていて、これが本当の「種」に相当します。なぜなら、異なるシンジェン間の個体どうしは接合できないので子孫が残せないからです。

　個々のシンジェン内には、接合型 E と接合型 O の個体がいます。野外から採集してきたゾウリムシのシンジェンと接合型を知るには、あらかじめシンジェンと接合型がわかっているゾウリムシのクローンを用意し、混ぜ合わせて接合するかどうか調べればよいのですが、すべてのシンジェンを絶やすことなく維持するのは大変なことです。

　ゾウリムシより少し小型のヒメゾウリムシ（*Paramecium aurelia*）のシンジェンは 14 種類あります。この 14 種類は分子レベルで識別できることから、シンジェン 1 〜 14 のヒメゾウリムシは、*Paramecium primaurelia, Paramecium biaurelia, Paramecium triaurelia* といったように、数字を意味する接頭語を付加して種名がつけられました。よく実験に使われるのが、*Paramecium tetraurelia*（和名：ヨツヒメゾウリムシ）です。

第 3 章

単細胞生物の
生活様式と多様性

Single cell organism

「狩り」をする繊毛虫

　にわかには信じがたいことですが、「狩り」をする単細胞生物がいます。それは、ディディニウムという繊毛虫で、もっぱらゾウリムシを捕まえて食べます。自分より大きなゾウリムシを1日に7～8個体も食べる大食いです。ディディニウムは細胞前端部（図15、矢尻）に毒針を隠しもっていて、この部分がゾウリムシに接触すると針を発射してゾウリムシを捕まえます。

　この現象は実験的に再現できます。図15に示すように、ゾウリ

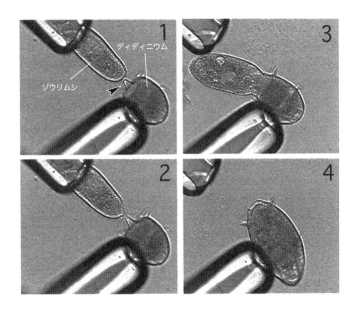

図15　ディディニウムの先端部から毒針が発射される様子（岩楯好昭 博士 提供）

ムシとディディニウムを、逃げないようにガラスピペットで吸い
付けて近づけていきます（1）。ディディニウムの先端部がゾウリ
ムシに接触すると、瞬時に毒針が発射され（2）、ゾウリムシが捕
まります。その後、ディディニウムはゾウリムシを飲み込みます
（3、4）。

　毒針の発射が、ディディニウム先端部の細胞内カルシウムイオ
ン濃度の上昇によってもたらされることは、山口大学の岩楯らに
よって実証されましたが、針が発射されるまでの反応経路や発射
機構はほとんどわかっていません。ディディニウムが、ゾウリム
シの細胞表層の何を認識して針を発射するのかということも全く
わかっていません。

　ディディニウムは、ゾウリムシを食べ尽くすと休眠シストにな
って食料危機をのりきります。面白いことに、ディディニウムの
休眠シストが入った液にゾウリムシを入れると、脱シストして増
殖型のディディニウムが出現するそうです。どのようにして、餌
のゾウリムシがいることを知るのでしょうか？

防御のための細胞小器官：トリコシスト

　ゾウリムシは捕食生物に攻撃されると、トリコシストという多
数の針を細胞外に発射します。トリコシストの働きに関しては、
さまざまな説が出されていましたが、1980年代の終わりに、トリ
コシストが防御のための小器官であることが、奈良女子大学の春
本とイタリア・カメリーノ大学の三宅らによって実証されました。

　ディレプタスという肉食性の繊毛虫に襲われると、ゾウリムシ

は瞬時にトリコシストを発射して逃げるのが観察できます。ディレプタスとゾウリムシをシャーレに一緒に入れておくと、トリコシストを正常に発射できるゾウリムシはほとんど食われませんが、トリコシストを発射できない突然変異体は簡単に捕まってしまいます。

繊毛運動のしくみ

繊毛運動の研究は、20世紀後半における主要な研究テーマの1つでしたが、そのしくみを解明することはそう簡単ではありませんでした。それもそのはず、繊毛は、数百ものタンパク質からで

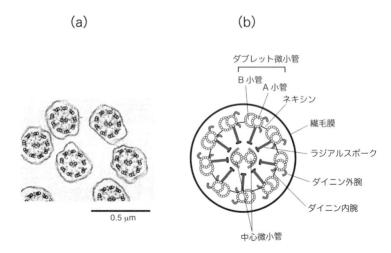

図16　繊毛横断面の透過型電子顕微鏡写真（a）と
模式図（b：基部側から先端方向に向かって見た図）［(a)は文献（3）より改変］

きている複雑なナノマシンなのです。ゾウリムシの場合だと、繊毛のために全遺伝子の1％も使っていることになります。

　図16に、繊毛の横断面の透過型電子顕微鏡写真とその模式図を示します。繊毛内には、9本のA小管とB小管からなるダブレット微小管と、2本の中心微小管があります。ダブレット微小管のA小管には、外腕ダイニンと内腕ダイニンと呼ばれるタンパク質複合体が付随していて、このたんぱく質複合体がATPのエネルギーを利用して繊毛運動の力を発生させます。ダイニンは、巨大なタンパク質複合体で、外腕ダイニンの分子量は50万以上もあります。ダブレット微小管は、ばらばらにならないように、スポークで固定され、ネキシンで束ねられています。このような繊毛内の構造は、合計数百ものたんぱく質によって構築されています。このような繊毛内の骨格を軸糸といいます。

　繊毛運動は、推進力を得ることができる有効打と水の抵抗がないように打つ回復打の、2つの相からなります（図17）。有効打も

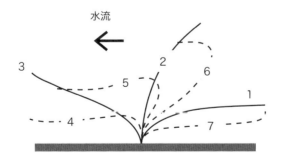

1～3：有効打
4～7：回復打
図17　有効打と回復打の打ち方の違い

回復打も、繊毛が曲がることによって起きます。

　では、繊毛はどのようなしくみで曲がるのでしょうか？　繊毛の「曲げ」は、ATPのエネルギーを使ってダブレット微小管どうしが滑り合うことによって起きます。このようなダブレット微小管どうしの「滑り」は、ダイニンが隣の微小管に結合して、これを繊毛の先端方向に押し上げることによってもたらされます。ダブレット微小管を束ねている構造をタンパク質分解酵素で壊して自由に動けるようにすると、ダブレット微小管が滑り出すのが観察できます（図18a）。しかし、繊毛内のダブレット微小管は束ねられ

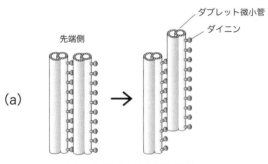

(a) ダブレット微小管が自由に動ける場合

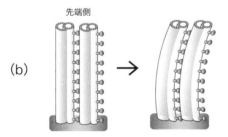

(b) ダブレット微小管が束ねられている場合

図18　繊毛が曲がるしくみ

ていて、その基部は固定されているので「滑り」は「曲げ」に変換されるのです（図18b）。

　それでは、有効打と回復打の打ち方の違いはどうして起きるのでしょうか？　これは、繊毛運動研究の最も根本的な謎で、30年も前にその解明をめざした研究が始まりましたが、まだよくわかっていません。有効打では、ダブレット微小管どうしが基部から先端部まで滑りを起こしているのに対して、回復打では、基部の部分のみ屈曲し、その曲げが先端方向に受動的に伝搬するのかもしれません。有効打と回復打では、繊毛基部は異なる方向に曲がります。したがって、有効打と回復打では、滑り合うダブレット微小管は異なるはずです。

　界面活性剤処理して繊毛の膜を除去し、ダブレット微小管を束ねているネキシンなどのタンパク質を分解したサンプルにATPをかけると、ダブレット微小管が滑り出してきます。このとき、すべてのダブレット微小管が滑り合うのではないようです。1989年に、アメリカのサティア研究室にいた筆者は、イガイの鰓の繊毛（5番と6番の間にブリッジがある）を用いて、有効打のみが起きるように処理したサンプルにATPをかけると、軸糸は決まったパターンで割断されることを発見しました（図19）。これは、2番のダブレット微小管のダイニンが、3-8番のダブレット微小管の束を先端方向に押し上げることが原因で、9 2番のダブレット微小管の束が基部方向に滑り出したためであると考えられます（図20）。このとき、8番のダイニンは不活性化状態になければなりません。なぜなら、8番ダイニンが活性化状態にあると9番のダブレット微小管を先端方向に押し上げるので、2番のダイニンの力は相殺されてしまうからです。一方、回復打の過程では、繊毛軸糸の割断パター

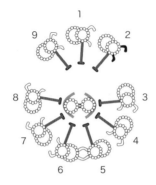

図 19　有効打を起こしたときのダブレット微小管相互の
滑りによる繊毛骨格（軸糸）の割断パターン

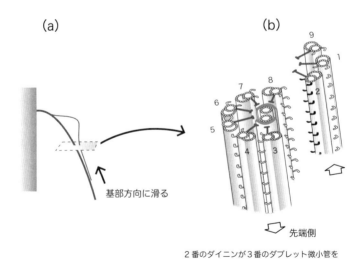

基部方向に滑る

先端側

2番のダイニンが3番のダブレット微小管を
先端方向に押し上げる

図 20　有効打を起こすダブレット微小管の滑り

ンは少し複雑ですが、有効打と回復打において活性化されるダイニンは異なっていて、それが周期的に切り替わるのは間違いないようです。

　近年、フィーディング RNAi 法により、特定のタンパク質の発現をノックダウン（発現を抑制）して、ヨツヒメゾウリムシの繊毛骨格（軸糸）を構成する膨大な数のタンパク質の役割を解明する研究が進んでいます。日本では、山口大学の堀研究室が中心になって研究を進めています。たとえば、ラジアルスポークを構成するタンパク質の 1 つをノックダウンすると、遊泳速度が速くなるという予想外のこともわかってきました。ラジアルスポークは、ダブレット微小管がバラバラにならないようにするための補強構造であるだけでなく、繊毛運動の機能にも関わっていたのです。

　近い将来、繊毛ナノマシンの各部品の機能が解明されることが期待されます。

【解説】
フィーディング RNAi
RNAi（RNA 干渉）とは、二本鎖 RNA を細胞内に入れたとき、一連の細胞内の反応系によって、この RNA と同じ塩基配列をもつ mRNA が分解される現象です。標的とする mRNA と同じ塩基配列をもつ DNA 断片を組み込んだプラスミドと呼ばれる環状の DNA を大腸菌に入れ、標的 mRNA と同じ塩基配列をもつ二本鎖 DNA をつくらせます。この大腸菌をヨツヒメゾウリムシなどに食わせると、この二本鎖 DNA が細胞質中に移行し、標的 mRNA が分解されます。このようにして、標的タンパク質の発現を抑制してどのような不都合が起きるかを調べることに

より、そのタンパク質の機能を知ることができます。

この方法をフィーディング RNAi といいます。RNAi の発見者であるファイアー博士とメロー博士には、2006 年にノーベル生理学・医学賞が授与されました。

細胞性粘菌：「カビ？」に変身するアメーバ

　粘菌は、細胞性粘菌と真正粘菌（変形菌）に分けられます。キイロタマホコリカビに代表される細胞性粘菌は、その生活史において、単細胞生物の時期と多細胞生物の時期をもつ奇妙な生き物です。ただし、「カビ」という名前がついていますが、菌類のカビのなかまではありません。餌のバクテリアがたくさんいる場合は、単細胞のアメーバで、細胞分裂を繰り返して増殖します。周囲の栄養源が枯渇すると、アメーバは集合してナメクジのような移動体になります。しばらくすると、ナメクジは起き上がり、子実体を形成します。子実体は柄の部分と頂部の胞子塊から成ります。条件がよいと、地面に落ちた胞子は発芽してアメーバになります（図21）。

　生物の「形づくり」のしくみを解明することは、生物学の大きな研究テーマの1つですが、複雑すぎてとても手に負えません。

　そこで、単純な形づくりが実験室で簡単に再現できる細胞性粘菌を用いた研究が、数十年前から本格的に始まりました。現在、その分子機構は随分解明されてはいますが、思ったほど簡単ではないようです。アメーバ期（増殖期）には3,500個の遺伝子が発現

していますが、多細胞体形成期には、そのうちの1,500個の遺伝子の発現が停止します。そして、3,000個以上の別の遺伝子が発現します。こんな単純な多細胞体をつくるのに、3,000個もタンパク質が必要ということです。「生物の形づくり」のしくみを分子の言葉で語ることができるのは、まだずっと先のようです。

キイロタマホコリカビでは、有性生殖も知られています。飢餓

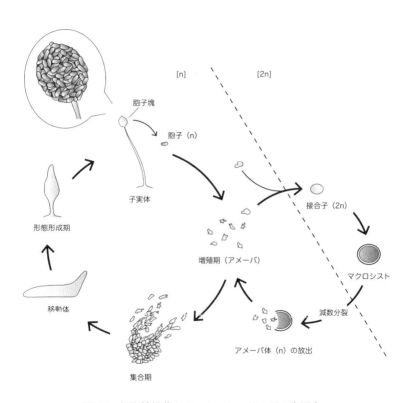

図21　細胞性粘菌キイロタマホコリカビの生活史

状態で多湿暗条件に置かれると、アメーバ体どうしが融合し、マクロシストと呼ばれる休眠細胞になります。休眠が解除されるとマクロシストは減数分裂を行い、多数のアメーバが発芽してきます（図21）。

真正粘菌：巨大な単細胞生物

真正粘菌（変形菌）の栄養体（変形体）は多核の巨大細胞で、おそらく、世界で最も大きな単細胞生物でしょう。変形体が山1つ覆ってしまったという逸話すらあります。

環境が悪化すると、変形体から子実体が形成されますが、子実体の頂部の胞子のうの中には胞子が形成されます（図22）。胞子が地上に落ちて適した環境になると、発芽して単細胞の栄養細胞がでてきます。これらが融合して接合子（2n）になり、核分裂を繰り返し、細胞体は単細胞のまま巨大化していきます。

子実体は森の中の朽ちた木の表面などを注意深く探していると見つかりますが、大きさが数ミリメートルしかないので注意して探さないといけません。種によって子実体は特有の色や形をしていて、非常にきれいなものもあります。

ヒト食いアメーバと赤痢アメーバ

アメーバは粘菌と近縁ですが（図9）、なかには病原性をもつものがいます。ネグレリア・フォーレリというアメーバ（大きさ20

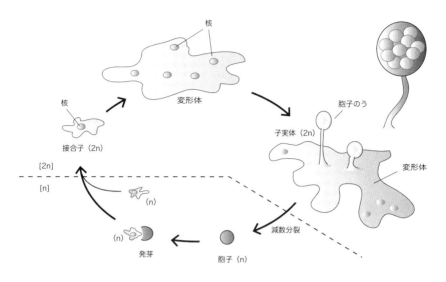

図22 真正粘菌の生活史

〜40マイクロメートル）は、25℃〜35℃くらいの暖かい池の底の泥や温泉などに生息しています。このアメーバは、鼻から取り込まれ、嗅神経を伝わって脳に至ります。そして、脳の組織を分解する酵素を分泌し、脳を溶かして食べます。

このアメーバに感染することはごく稀ですが、もし感染すればほとんどの場合、10日で死に至ります。

赤痢アメーバ（エントアメーバ・ヒストリティカ）は大腸炎等を引き起こします。このアメーバも小型で、大きさは10〜40マイクロメートルです。国内での感染者は少ないですが、感染すると死に至ることもあります。このアメーバは休眠シストになり外界でも生存しているので、シストが付着した食物や飲み物を経口摂取することにより感染します。シストは、小腸で脱シストして栄養細胞になって増殖します。

エントアメーバ・ヒストリティカの名付けの親である微生物学者シャウディンは、赤痢アメーバ種とよく似た無害な種を形態的に区別することに成功しました。自らをアメーバに感染させてそれを実証したと言われています。しかし、その後、アメーバ赤痢が原因で、35才という若さでこの世を去りました。自ら感染させたアメーバが原因だったようです。

角膜炎を起こすアカントアメーバ

　池や土壌に生息するアカントアメーバの一部の種は、ヒトなどに感染して角膜炎などを引き起こします。大きさは10〜40マイクロメートルです。

　このアメーバは休眠シストになり、乾燥や紫外線にも耐性があります。このアメーバは傷ついた角膜から侵入するので、アカントアメーバ角膜炎にかかった人のほとんどはコンタクトレンズの使用者です。特効薬はなく、治りにくいようです。

ATPのエネルギーを必要としないツリガネムシの収縮系

　繊毛虫のツリガネムシ（図23）は、生活史の大部分の期間は固着生活をします。繊毛は、細胞体にのみ生えていて、繊毛運動により餌のバクテリアを吸い込むように集めて取り込みます。

　細胞体にミジンコなどの捕食生物が接触すると、瞬時に柄の部分が収縮して逃れます。柄の内部には、スパズモネームという収縮

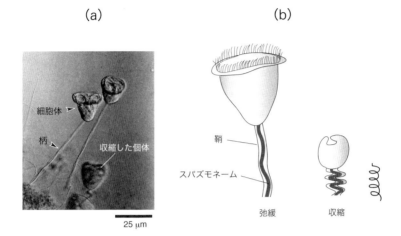

図23 ツリガネムシの収縮［写真は文献（4）より転載］

性の繊維があり、これが機械刺激によって細胞内に流入してきたカルシウムイオンに反応して、ちょうどバネのように収縮します。一方、流入したカルシウムイオンが排出されることにより、スパズモネーム繊維は弛緩します。

スパズモネームは、脊椎動物の筋収縮に関わるアクチンフィラメント（直径6〜7ナノメートル）とは異なり、直径3ナノメートルの繊維が束になったものです。3ナノメートルのフィラメントは、スパズミンというカルシウムイオン結合タンパク質と収縮性のフィラメントの複合体であると考えられています。

筋収縮に関わるアクチン／ミオシン系や繊毛運動などに関わるチューブリン／ダイニン系では、直接ATPのエネルギーを利用して運動を起こします。驚くべきことに、スパズモネームの収縮では、ATPのエネルギーを必要としません。ツリガネムシの収縮系は極

めてユニークな第3の収縮系と考えられています。

【解説】

ナノメートル（nm）

「ナノ」は 10^{-9} の意味です。

太陽虫の未知の収縮系

　太陽虫の細胞体表面からは、軸足と呼ばれる多数の針状の突起が放射状に伸びています（図24）。これは、餌生物を捕らえる小器官です。軸足内部には、外径が約24ナノメートルの微小管の束（軸糸微小管）があり、この微小管の束が軸足の針状の形態を維持しています。

　軸足の先端付近に餌である小型の単細胞生物が付着すると、餌生物は瞬時に細胞体まで引き寄せられます。DEAE-セファロースビーズという表面がプラスに荷電した小さな粒子を軸足に接触させた場合も、ビーズは非常に速いスピードで細胞体表層部まで引き寄せられます（図25）。軸足の収縮は、軸糸微小管が瞬時に崩壊（脱重合してチューブリンという球状のタンパク質単量体にまで分解される）するのと同時に、軸糸微小管の近くにある収縮性の管状構造（収縮管と呼ばれ、外径が10〜25ナノメートル）が短縮することにより力を発生すると考えられています（図26、27）。

　透過型電子顕微鏡で観察すると、収縮管はゴムひもがねじれる

58

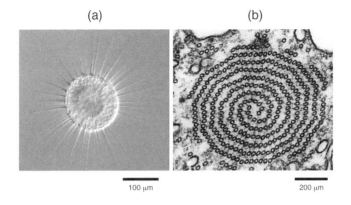

図 24 太陽虫の光学顕微鏡写真（a）と軸足内微小管束横断面の透過型電子顕微鏡写真（b）[b は文献(5)より改変]

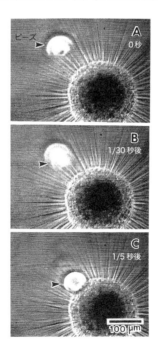

図 25 太陽虫の軸足の収縮によってビーズが引きよせられる様子 [文献(6)より改変]

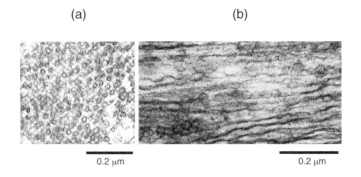

図26 太陽虫軸足内の収縮管の横断面(a)と縦断面(b)の透過型電子顕微鏡写真 [文献(7)より改変]

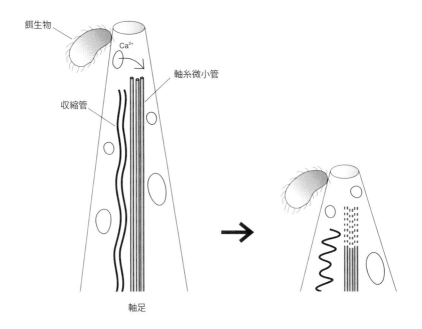

図27 太陽虫軸足の収縮モデル

ように短縮するように見えます（図26）。軸糸微小管の崩壊と収縮
管の短縮は、軸足内の小胞から放出されたカルシウムイオンによ
ってもたらされることがわかっています（図27）。

珪藻の滑走運動：何のために動く？

　珪藻は、種特有の模様が刻まれたガラス質の殻で覆われた単細
胞生物です。珪藻が死んでも、その殻は分解されることなくずっ
と残ります。このため、陸上の地層から珪藻化石が見つかれば、
かつて、そこが湖や海であったことがわかるばかりか、当時の環
境も推定できます。たとえば、暖かいところに生息する珪藻化石
が見つかれば、そこはかつて暖かい環境であったと予想できます。
　珪藻のなかには滑走運動をするものがあります。滑走運動をす
る種は、殻に縦溝とよばれるスリットがあります。スリットの部
分の細胞膜の内側には、アクチンフィラメントがあり、これが滑
走運動に関係していると考えられています。
　群体性のイカダケイソウ（図28）は、細胞どうしの滑走運動に
より、伸びたり縮んだりします（図29）。イカダケイソウの個々の
細胞どうしが接する面の殻には縦溝があり（図28）、その内側にあ
る細胞膜の直下にはアクチンフィラメントが存在します。このア
クチンフィラメントが滑り運動に関与していると考えられていま
す。
　単体の珪藻も群体性珪藻においても、滑走運動のしくみやその
生物学的意味はよくわかっていません。

61

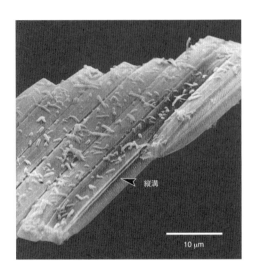

図28 イカダケイソウの走査型電子顕微鏡写真
[文献(3)より改変:有田富和 博士 撮影]

図29 イカダケイソウの運動

収縮胞の多様性

単細胞生物の細胞内は外液より高張なので(濃度が高いので)、外から細胞内に水が入ってきます。このため、水を集めて外に排出するしくみが必要で、この機能を担う小器官が収縮胞です。

図30は、ゾウリムシの収縮胞の光学顕微鏡写真(a)と模式図(b)を示しています。収縮胞から放射状に伸びる集水管を取り巻

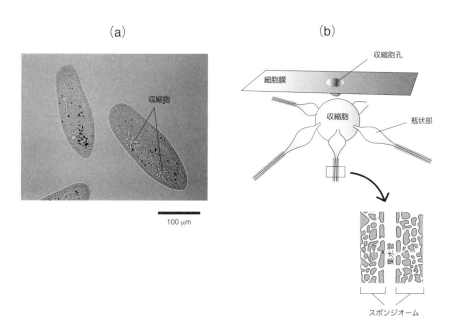

図30 ゾウリムシ収縮胞の光学顕微鏡写真(a)と模式図(b)

くスポンジオームによって水が集められて、収縮胞に運ばれます。集められた水は、収縮胞と収縮胞孔の底部が融合することによって外に排出されます。

　同じ繊毛虫でも、コルポーダの場合は集水の方法が全く異なっています。水を集めた多数の小胞が細胞内に出現し、収縮胞と融合することにより、水を収縮胞に集めます（図31、矢尻）。このような集水のやり方はアメーバと同じで、原始的なようにみえます。

　収縮胞の役割は、外から細胞内に拡散してきた水を排出することです。このため、収縮胞の機能が失われると細胞が膨張して破裂すると思われます。そこで、ATP合成阻害剤で処理してコルポーダの収縮胞の拍動を止めてみると、予想通り、収縮胞はだんだん膨らんでいき、ついにコルポーダは破裂してしまいます（図31）。

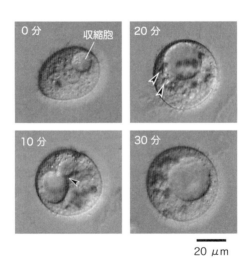

図31　ATP合成阻害剤処理により拍動を停止させたコルポーダ収縮胞
［文献(8)より改変］

ピンク色の繊毛虫ブレファリスマ

　ピンク色のブレファリスミンという色素をもつ繊毛虫がいます（口絵 a）。この繊毛虫は、シャーレの底をゆっくり這ったり止まったりしていることが多いので、図 32a に示すように、細いガラス針で矢印の方向になでるようにすると簡単に切断することができます。この繊毛虫は細長い大核をもっているので（図 32b）、切断された細胞に大核の断片が含まれていれば再生します。

　ブレファリスミン色素は、細胞表層部に無数に並ぶ色素顆粒（口絵 b）の中に詰めこまれていて、「防御」と「光受容分子」という異なる 2 つの役割を担っています。シャーレに、ブレファリスマとこれを捕食するアメーバを一緒に入れておくと、ブレファリスミン色素をもつブレファリスマは捕食されません。しかし、色素をもたない白色ブレファリスマはみな食べられてしまいます。

　捕食生物に攻撃されたときには、ブレファリスミン色素顆粒が外に放出されます。すると、捕食生物は攻撃をやめて逃げてしまうのです。どうやら、ブレファリスミンは毒性があるようです。岐阜大学の武藤らは、ブレファリスミンは細胞膜に入り込んでイオンチャネル（イオンの通路）を形成することにより細胞内のイオン環境を破壊することを明らかにしました。

　現在知られている抗生物質のなかには、同じような機構によってバクテリアを殺すものがあります。ブレファリスミンは、いわば天然の抗生物質あるいは抗原虫薬と言えます。

　ブレファリスミンに光が当たると、毒性がさらに増します。こ

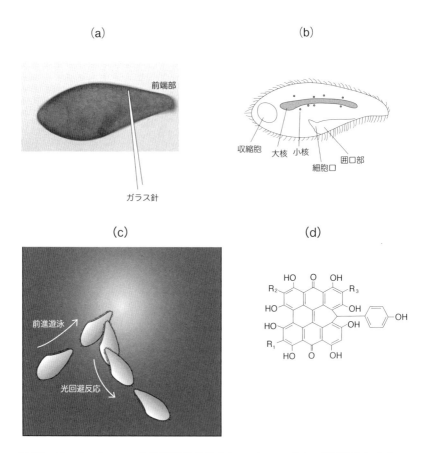

図32 ブレファリスマの光学顕微鏡写真（a）、スケッチ（b）、光回避反応（c）、
ブレファリスミンの分子構造（d）

れは、酸素が存在する条件下でブレファリスミンに光が当たると、有害な活性酸素が発生するからです。ブレファリスマは、活性酸素に対してある程度の耐性はもっていますが、強い光や長時間光に曝されると、自分自身も傷害を受けてしまいます。このため、ブレファリスマは、光が当たると一時的に後ろ向きに泳いで光を

避ける行動をします（図32c）。このような光行動を、光回避反応と呼んでいます。

　ブレファリスマがこのような光反応をすることは、1983年に、偶然にも筆者とドイツの研究者が独立に発見しました。その後、ブレファリスミンの生成を阻害してつくった白いブレファリスマが光回避反応をしないことや、ブレファリスミンの吸収スペクトルが光回避反応の作用スペクトルに類似することから、光回避反応の光受容体はブレファリスミンであると考えられるようになりました。この説は、イタリアのレンチらの研究グループにより提唱され、アメリカのソンや筆者らの研究グループにより支持されました。しかし、日本では当時、「光行動に関わる光受容体はロドプシン以外には存在しない」と考える研究者も多く、広くは受け入れられませんでした。

　ブレファリスミンの分子構造（図32d）は、1997年に筆者らの研究グループと、アメリカのソンとイタリアのレンチらの共同研究グループにより独立に公表されました。ブレファリスミンは側鎖（$R_1 \sim R_3$）の違いにより5種類存在します。なぜ5種類も存在するのかといったことについてはよくわかっていません。

【解説】
作用スペクトルと吸収スペクトル
どのような分子が光受容体として機能しているのかという手がかりを得るには、作用スペクトルの測定が有効です。作用スペクトルは、照射した光の波長と反応量の関係を表したものです。作用スペクトル測定の簡便法では、照射する光の光子数を一定にしたさまざまな波長の光（単色

光）を生物に照射し、反応の強さを測定します。そして、横軸に波長、縦軸に反応量をとってグラフを作成します。

吸収スペクトルは、横軸に波長、縦軸に吸光度（分子の光吸収の程度を表す数値）をとったものです。分子の吸収スペクトルを見れば、この分子がどの波長の光をよく吸収するのかがわかります。もし、ある分子が、ある光反応の光受容体ならば、この分子の吸収スペクトルと光反応の作用スペクトルは一致します。

ミドリムシの正の走光性：光の方向を知るしくみ

　ミドリムシ（口絵 f）は、葉緑体をもっていて、明るい場所に集まることが古くから知られています。このような行動は、効率よく光合成を行うのを助けています。ミドリムシは鞭毛の基部近くに眼点（スティグマ）という赤いカロチノイドの粒子をもっていて、昔はこれが光受容体であると考えられていました。これは間違いで、本物の光受容体は、鞭毛の基部の副鞭毛体と呼ばれる膨らんだ部分にあります（図 33a、b）。

　ミドリムシは、光源の方向からそれてしまうと、鞭毛の打ち方を変えて光源方向に遊泳軌道を修正することができるのですが、眼点は、ミドリムシが光源方向にうまく舵取りするのに役立っています（図 33c）。ミドリムシは自転しながら泳ぐので、光源方向に向いていないときには、光受容体に当たる光は、眼点によって周期的に遮られます。光受容体に当たる光が急に遮られたときには、鞭毛の打ち方を変え遊泳軌道が変わります。光の強さが急に

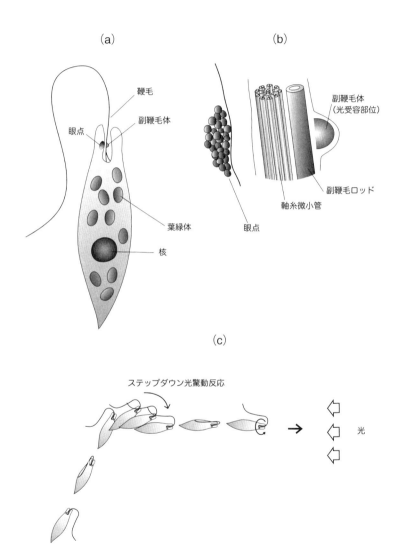

図33 ミドリムシの鞭毛基部の光受容構造（a、b）と正の走光性（c）

小さくなったときに起きるので、このような反応をステップダウン光驚動反応と呼んでいます。この反応によってミドリムシが光源方向に向くと、光受容体は前方からくる光に当たり続けるので、光驚動反応は起きず光源方向に泳ぎ続けます。このように、ミドリムシは試行錯誤で光の方向に泳いでいくのです。

　あまりにも強い光が当たると、ミドリムシは鞭毛の打ち方を大きく変えて光から回避するような反応をします。これをステップアップ光驚動反応と呼びます。葉緑体のクロロフィルに強い光が当たると活性酸素が多量に発生し細胞を傷つけるので、ミドリムシにとって強い光は有害なのです。ステップアップ光驚動反応の光受容体は、2002年に基礎生物学研究所の伊関と渡辺らによって発見されました。これは、フラビンアデニンジヌクレオチド（FAD）とアデニレートシクラーゼというタンパク質が結合した複合体で、それまで知られていなかった新しい光受容体でした。ステップダウン光驚動反応の光受容体は、残念ながらまだわかっていません。

　ところで、緑色の鞭毛虫であるクラミドモナス（和名はコナミドリムシ）の光行動を起こす光受容体はロドプシン類です。ロドプシンは、ヒトなどの眼の網膜にある光受容分子です。同じ葉緑体をもつ鞭毛虫でも光受容体が全く異なるのはなぜでしょうか？それは、前にも述べたように、同じ緑色の鞭毛虫でも、ミドリムシとクラミドモナスとは近縁ではないのです（図9参照）。

ゾウリムシ：泳ぐ神経細胞

　ゾウリムシは障害物にぶつかると、0.1秒間くらい後退遊泳し、

その後別の方向に向かって前進遊泳を再開することで障害物を回避します。後退遊泳は、細胞前端部から後端に向かって打っていた有効打の方向が逆転することによって起き、これは回避反応と呼ばれています（図34a）。

　ゾウリムシの行く手を遮る砂粒のような障害物を避けることができなくても、大きな問題はないかもしれません。しかし、捕食生物に接触したとき、瞬時に後ろ向きに逃げなければ、たちまち食われてしまいます。回避反応はゾウリムシの生死を左右する行動といえるでしょう。

　繊毛打の逆転が起きているときは、神経の電気シグナルである活動電位と同じような電位変化が起きることは、1969年に、内藤とエッカートによって発見されました（図34d）。このため、ゾウリムシは、「泳ぐ神経細胞」と呼ばれることもあります。神経の活動電位は、ナトリウムイオンが神経細胞内に入ってくることによって引き起こされます。一方、ゾウリムシの活動電位は、繊毛膜にあるカルシウムチャネルを通って外液のカルシウムイオンが細胞内に流入することによって引き起こされます（図34b）。

　内藤とエッカートは、ゾウリムシを動かないように固定し、細胞内に細いガラス電極を刺して細胞外に対する細胞内の電位を測定しました（図34c）。刺激を与えてないとき（ゾウリムシが前進遊泳しているとき）は、膜電位は−30mVくらいで（図34d ①）、これは神経の静止電位に相当します。図34eは、ゾウリムシの細胞体や繊毛の膜にあるイオンチャネルの状態を示したものです（図34dの①から③に対応）。静止電位の発生に関与するK^+チャネルは開いたり閉じたりしませんが、2種類のCa^{2+}チャネルは開閉します。機械刺激受容Ca^{2+}チャネルは機械刺激によって開くチャネル

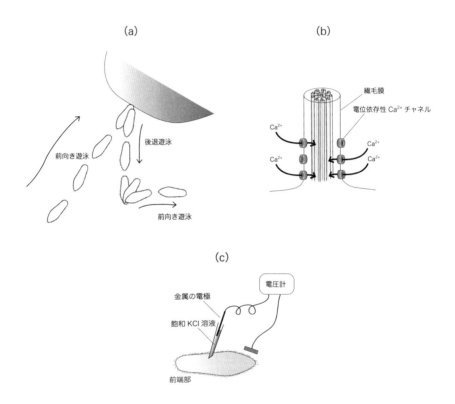

図 34 機械刺激に対するゾウリムシの応答

(d)

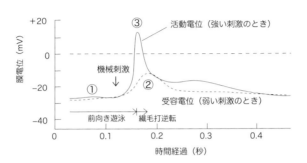

(e)

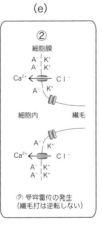
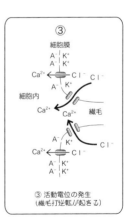

で、ゾウリムシの細胞体にあります。電位依存性 Ca^{2+} チャネルは繊毛の膜にあり、脱分極に反応して開くチャネルです。脱分極というのは、静止電位が浅くなるような電位の変化をいいます。図34d の②のような電位変化が脱分極です。

　静止電位は、神経細胞と同様に細胞膜を挟んで外側にカリウムイオン、内側にマイナスの電荷が蓄積していることにより発生します（図34e ①）。ゾウリムシが前向きに泳いでいるときは、静止電位が発生している状態で、2種の Ca^{2+} チャネルは閉じています。ゾウリムシ前端部に弱い機械刺激を与えると脱分極します（図34d ②、図34e ②）。これを、機械刺激受容電位と呼びますが、繊毛打逆転は起きません。機械刺激をだんだん強くしていくと機械刺激受容電位も大きくなっていき、ある程度の大きさの脱分極が起きるとスパイク状の活動電位（図34d ③）が発生します。このような活動電位は、電位依存性 Ca^{2+} チャネルが開いて多量のカルシウムイオンが細胞内に入ってくるからです（図34e ③）。このとき、繊毛打の逆転反応が起きます。

　繊毛内部に流入してきたカルシウムイオンが、繊毛打逆転を起こすための繊毛内のシグナル伝達系のスイッチをオンにするのですが、その経路はまだ完全にはわかっていません。繊毛打逆転を引き起こすのに必要なカルシウムイオン濃度は1マイクロモル/リットル（0.05ミリグラム/リットル）程度です。水道水にゾウリムシを入れて泳がせても繊毛打逆転が起きますが、これは、水道水中には100マイクロモル/リットル（5ミリグラム/リットル）くらいのカルシウムイオンが含まれているからです。ビーカーを水道水で洗って乾燥させると、ビーカーの内側に白いものが残ることがあるのは、水道水にカルシウムなどが含まれているからです。

ゾウリムシの後端部を細い針で触ると、一瞬、前向きの遊泳速度が大きくなります。この反応により、後から捕食生物に襲われたときに素早く逃げることができます。このような行動は逃走反応と呼ばれています。逃走反応が起きているときは、繊毛打の頻度が上昇していると思われます。しかし、細胞後部を刺激すると、どのような機構によって繊毛打の頻度が上昇するのかといったことはよくわかっていません。

第4章

陸上環境への
適応戦略

Single cell organism

休眠シスト

　単細胞生物は、池や田んぼの水の中だけでなく、通常乾燥している陸上にもたくさんいます。土壌に生息する単細胞生物は、乾燥耐性、凍結耐性、紫外線耐性などの環境耐性をもつ休眠シスト（嚢子または包嚢）になることにより、陸上環境にうまく適応しています。

　このことは、稲刈りが終わった後の稲株を一晩水に浸しておくと、色々な微生物が泳ぎだしてくることからもわかります。土壌中に生息するバクテリアや真核単細胞生物は、土壌の生態系の底辺を支えているので、農薬などで土壌微生物が死滅すると土壌生態系が壊れてしまいます。

　単細胞生物のなかでも、土壌性繊毛虫のコルポーダの休眠シスト研究の歴史は非常に古く、20世紀の初頭より始まりましたが、そのしくみの一端がわかり始めたのはごく最近のことです。

　コルポーダの栄養細胞はゾウリムシの4分の1くらいの大きさで（図35a）、乾燥が近づいたり水環境が悪化すると、速やかに休眠シスト（図35b、c）になります。休眠シストは、複数層からなるシスト壁に囲まれ（図35d）、代謝は停止します。増殖に適した水環境がもどると1時間以内に栄養細胞が構築され、薄膜（エンドシスト層）に囲まれた栄養細胞が強固なエクトシスト層を割って出てきます（図35b）。その後しばらくして、この薄膜は破れて、栄養細胞が泳ぎだしてきます。栄養細胞の再構築とシストからの脱出までの過程を脱シストと呼びます。

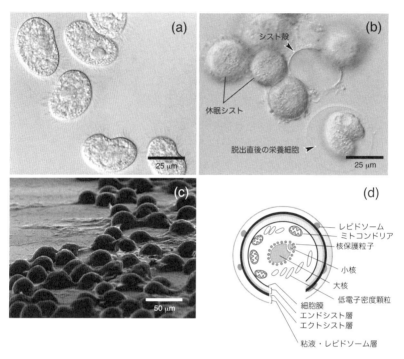

図 35 コルポーダの栄養細胞の光学顕微鏡写真 (a)、
休眠シストの光学顕微鏡写真 (b)、休眠シストの走査型電子顕微鏡写真 (c)、
休眠シストの模式図 (d)
　(a)、(b)、(d)：文献 (9) より転載
　(d) は、文献 (10) のオリジナル図版を改変したもの
　(c) は、洲崎敏伸 博士 撮影

　以下に、コルポーダの休眠シスト形成について筆者らの研究成果を中心に詳しく述べたいと思います。

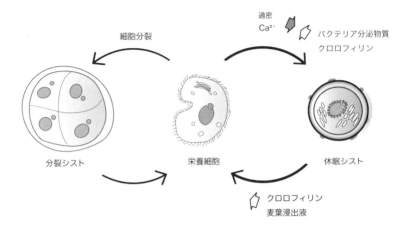

図 36　コルポーダの生活史

コルポーダの生活史

　コルポーダは、環境変化に応じて増殖と休眠サイクルを繰り返します（図 36）。増殖に適さない環境では休眠シストになり、環境の回復を待ちます。実験室では、外液にカルシウムイオンが十分に存在する条件下で飢餓状態のコルポーダの密度を上げると、休眠シスト形成が誘導されます。

　食胞を多く形成している満腹状態のコルポーダは休眠シストになりにくく、外液に餌であるバクテリアやバクテリアが分泌する物質がある場合も、休眠シスト形成が抑制されます。繊毛虫類の培養液として使われる乾燥麦葉の浸出液（煮出し液）やクロロフィリン（クロロフィルに似た物質で天然には存在しない）も、休眠シスト誘導を抑制します。一方、麦葉浸出液やクロロフィリン

は脱シスト誘導作用があります。しかし、バクテリアやその分泌物が外液にあっても、脱シストは誘導されません。

　外液にカルシウムイオンが十分に存在する条件下でコルポーダの密度を上げるかわりに、ガラスビーズやポリスチレンラテックスビーズと一緒にコルポーダを懸濁しても、シスト形成が効率よく誘導されます。カルシウムイオンのキレート剤を外液に加えてカルシウムイオンを除去すると、コルポーダを高密度にしても休眠シスト形成は阻害されます。

　この結果から、コルポーダ相互のぶつかり合いによる物理的接触刺激が、細胞外のカルシウムイオンの細胞内への流入を促進し、これがシスト誘導の細胞内シグナル伝達経路の引き金を引くと考えられます。カルシウムイオン濃度依存的に蛍光強度が変化する色素をコルポーダ細胞内に入れてからシスト誘導すると、細胞内カルシウムイオン濃度が確かに上昇することも確かめられています。

【解説】

蛍光

分子が光を吸収すると一時的に励起状態（高エネルギー状態）になります。その後、元の安定な状態にもどろうとしますが、吸収したエネルギーは、熱エネルギーや光エネルギーとして放出されます。光エネルギーとして放出される場合は、吸収した光の波長より長い波長の光を発光します。この光を蛍光と呼びます。分子が蛍光を発している場合は、鮮やかな色（蛍光色）を呈します。

休眠細胞の形づくり

　図37は、コルポーダの休眠シスト形成過程での形態形成の概要を模式的に示したものです。休眠シスト誘導すると、1～2時間で球形になり、繊毛が短くなっていきます（図38）。この時期に、粘液物質が細胞外に分泌されて細胞の粘着性が生じ、コルポーダはシャーレなどの底面に付着しやすくなります。粘液の分泌に引き続いて、粘着性のあるレピドソームと呼ばれる小球塊が分泌され、粘液層にトラップされます。シスト誘導後2～4時間で、固いエクトシスト層（単層）が細胞膜のすぐ外側に形成され、5～6時間で第1層目のエンドシスト層がエクトシスト層と細胞膜の間に形成されます。

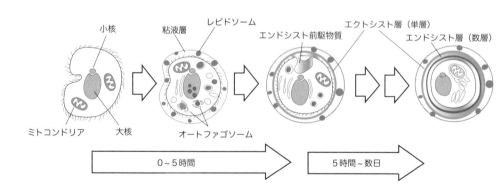

図37　コルポーダ休眠シスト形成中の細胞構造の変化［文献（11）より改変］

エクトシスト層の形成が始まる頃に、栄養細胞の細胞内の構造はオートファゴソームに取り込まれて分解され始めます。これをオートファジーといい、半日から1日で完了します。電子顕微鏡で観察してみると、完成した休眠シストは、複数層からなるシスト壁（外側から粘液・レピドソーム層、単層のエクトシスト層、複数層のエンドシスト層）に囲まれ、細胞内には、低電子密度の（白っぽい）不定形の物質（図39d、矢尻）がミトコンドリアや細胞内の構造体を取り囲むように充填されているのがわかります（図39c、d）。低電子密度の物質は、細胞内の分子や小器官を保護する役割をもつトレハロースのような物質かもしれません。ミトコンドリアは、シスト細胞の表層部に凝集し、細胞内のスペースの大半は貯蔵栄養顆粒と思われる低電子密度の顆粒が凝集します。

　このように、栄養細胞の構造（図39a、b）は分解されて、著しく異なる休眠型の細胞構造（図39c、d）に再構築されるのです。

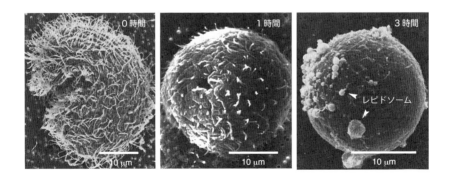

図38　コルポーダ休眠シスト形成過程の走査型電子顕微鏡写真［文献（2）より改変］

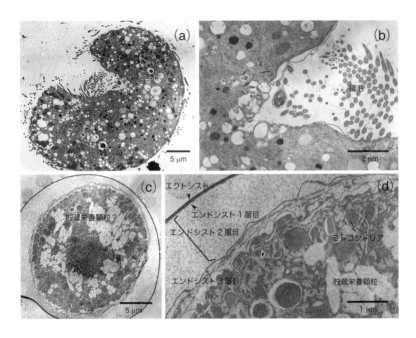

図39 コルポーダ栄養細胞（a、b）と誘導7日目の休眠シスト（c、d）
(a)：文献（2）より改変
(b)、(d)：文献（11）より改変
(c)：文献（12）より改変

休眠シスト形成に伴う遺伝子の切り替え

カルシウムイオン存在下で、コルポーダ栄養細胞の密度を上げることにより休眠シスト誘導すると、さまざまな変化が細胞内に起きます。

誘導2〜3時間後には総mRNA量が激減します。これは、栄

細胞で発現していた遺伝子の発現が停止することを意味していますが、12時間くらい経つと総タンパク質量も徐々に減少してきます。この場合、すべてのタンパク質の量が同じようなペースで減少するのではなく、一部のタンパク質は、急速かつ一過的に増加したり消失したりといった不規則な増減をします。このようなタンパク質は休眠シスト形成に関わっていると思われます。

　図40は、二次元電気泳動により、休眠シスト誘導後の発現タンパク質（非水溶性タンパク質）の変動を経時的に解析したものです。矢尻で示したスポットは、休眠シスト形成に関わると思われる不規則な発現パターンを示すタンパク質で、これらのうちのいくつかはマススペクトル解析により同定されています。後述するように、ATPシンターゼβ鎖の発現量はシスト誘導後4～5時間で激減しますが、これはミトコンドリアの活動休止と関係がありそうです。

【用語解説】

マススペクトル解析

まず、タンパク質をタンパク質分解酵素で処理することにより、短いペプチド断片に切断します。これらのペプチド鎖の1つを、さらにアミノ酸どうしの結合部（ペプチド結合）で切断すると、アミノ酸の数が1個ずつ異なる色々な長さのペプチド断片が生じます。各々のペプチド断片の質量の差は、アミノ酸1個分の質量の差を反映しています。これらのペプチド断片の質量は、質量分析計を用いて正確に測定することができるので、切り離されたアミノ酸の種類を端から順次同定することによりアミノ酸配列を決定することができます。

ある程度の数のアミノ酸配列がわかれば、既知のタンパク質の一次構造

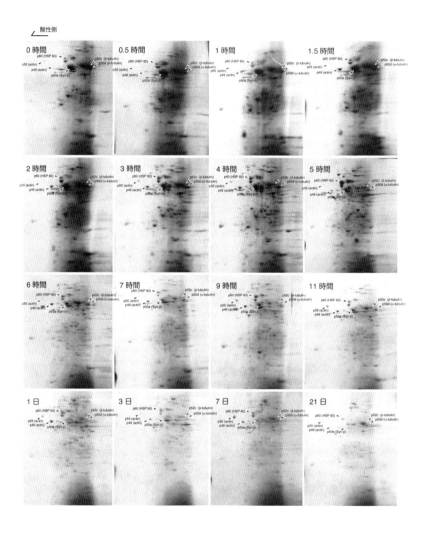

図 40 コルポーダ休眠シスト誘導後の発現タンパク質（非水溶性タンパク質）の変化
［文献（13）より改変］

（アミノ酸配列）のデータベースを検索することにより、タンパク質の種類を同定することができます。多くの実験生物の全遺伝子が解明された現在、マススペクトル解析は、基礎医学や生命科学研究を支える不可欠な技術となっています。

休眠に伴ってミトコンドリアも休眠する

　活動中のミトコンドリアでは、その内膜をはさんで電位差が生じています。これは、電子伝達系を電子が移動する間にプロトンがミトコンドリアの膜間部（外膜と内膜の間のスペース）に汲み出され、膜をはさんで電荷の不均衡が生じているからです。
　近年、膜電位が形成されているミトコンドリアのみを蛍光染色する試薬が開発されました。図41は、その試薬を用いて、休眠シスト誘導したコルポーダのミトコンドリアを蛍光染色したものです（光っている多くの小さい顆粒がミトコンドリア）。このことから、休眠シスト誘導してから、数時間でミトコンドリアの膜電位は完全に消失することがわかります。言い換えれば、シスト誘導後数時間でミトコンドリアの電子伝達系が停止することを意味しています。
　ミトコンドリアの膜電位が消失する時期には、ミトコンドリアの電子伝達系上のATP合成酵素複合体（ATPシンターゼ）の部品の1つであるATPシンターゼβ鎖の発現が停止します。他の単細胞生物において、ATPシンターゼβ鎖遺伝子の発現を抑制すると電子伝達系が停止することから、ATPシンターゼβ鎖はATP合成

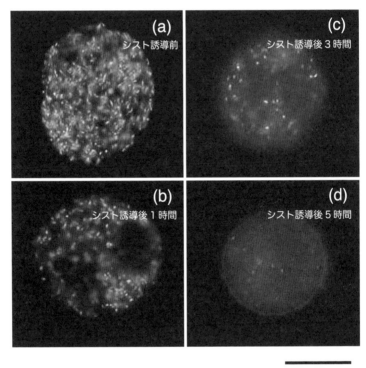

図 41　コルポーダの休眠シスト形成に伴うミトコンドリア膜電位の消失
　　　　［文献(13)より改変］

だけでなく、電子伝達系の維持に関わっていることが示唆されています。コルポーダでも、このタンパク質が電子伝達系の維持に関与していると考えられます。コルポーダの休眠シスト形成初期には、このタンパク質の発現が停止するため、ミトコンドリアの電子伝達系が停止すると考えられます。

命がけの脱シスト

　適した水環境が再び出現すると、休眠シストは1時間くらいで増殖型細胞（栄養細胞）につくりかえられて、固いエクトシスト層を割って脱出します（図42）。これは、収縮胞由来の液胞に水を集めて膨らませ、その膨圧により物理的にエクトシスト層を破壊するという強引なやり方です。

　シストを培養液（乾燥麦葉煮出し液）に浸すと、30分くらいで収縮胞が拍動を開始します。図42は、収縮胞が拍動を開始してから時間を追って観察したものです。収縮胞が拍動を開始してからしばらくすると、収縮胞の拍動は停止し徐々に膨らんでいきます（図42b、c）。液胞の膨圧によりエクトシストが割れると、薄膜（エンドシスト層）に包まれた状態で栄養細胞が出てきます（図42d）。しばらくすると、このエンドシストの薄膜を破って栄養細胞が泳ぎだしてきます。エンドシストの薄膜がどのようにして破れるのかはよくわかっていませんが、栄養細胞が中で動き回り、この薄膜が伸びて拡張し、破れるようにもみえます（図42f）。この一連の過程を脱シスト（脱嚢）と呼んでいます。

　エクトシスト層が固すぎて脱出できなければ、コルポーダはシストの中で死んでしまいますから、シストからの脱出は命がけです。繊毛虫すべてがこのような方法でシストから脱出する訳ではありません。ブレファリスマなどでは、休眠シストに「脱出口」があって、そこから出てきます。

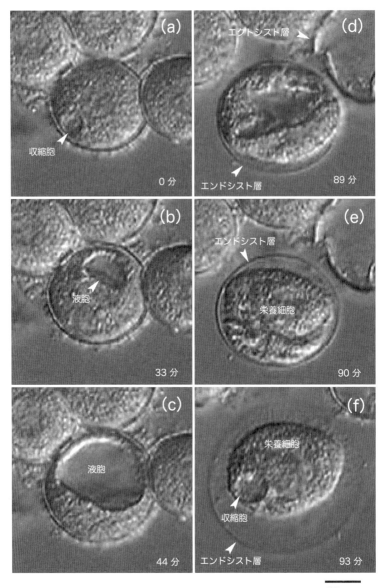

図42 コルポーダ栄養細胞の休眠シストからの脱出 [文献(8)より改変]

ユニークな細胞分裂様式

増殖に適した水環境中では、コルポーダは非常に速いスピードで増殖します。細胞分裂は、薄膜に囲まれた状態で進行し（増殖シスト）、通常4個の娘細胞を生じます。このような分裂様式は他の単細胞生物ではみられないユニークな方法ですが、短時間のうちに細胞数を増やすための見事な適応戦略といえます。

図43は、コルポーダの細胞分裂中の核分裂の様子を示しています。左側の写真が明視野顕微鏡写真で、右がDAPIで核染色した細胞の蛍光顕微鏡写真です。まず、細胞質の分裂に先立って、小核

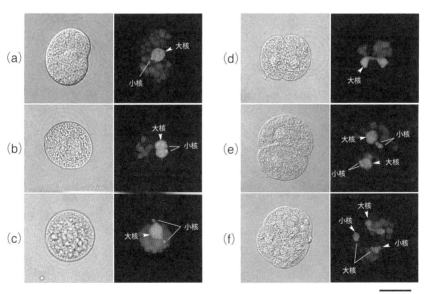

図43　コルポーダの細胞分裂（十亀陽一郎 博士 撮影）

が2個に分裂し大核にくびれが入ります（図43b）。その後、小核は大核の両端に位置し、これに続いて大核が引きちぎられるように分裂します（図43d）。引き続いて、同様な様式で核分裂が起きて4個ずつの大核と小核が生じます（図43e、f）。

コルポーダの驚異的な紫外線耐性

コルポーダの休眠シストは、強い紫外線耐性をもちます（図44）。驚くべきことに、コルポーダのシストを殺すには、大腸菌を殺すのに必要な紫外線量の50倍もの紫外線を当てないといけませ

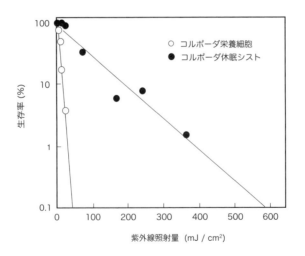

図44 コルポーダ栄養細胞と休眠シストの紫外線耐性
　　　［文献(10)より改変］

ん。地球上に存在する微生物の中では、最強の紫外線耐性をもつといっても過言ではないでしょう。

　休眠シストの大核と小核は、紫外線を吸収して自家蛍光を発する多数の小さい粒子に囲まれます（図45）。透過型電子顕微鏡で観察すると、休眠シストでは多数の粒子が大核と小核を取り囲んでいるのがわかります（図46b、c矢尻）。

　この粒子の役割は、最初はわからなかったのですが、コルポーダの休眠シストが紫外線に対して強い耐性をもつことがわかってから、この粒子は紫外線から核を保護する役割を担っていると考えられるようになり、核保護粒子と呼ばれています。

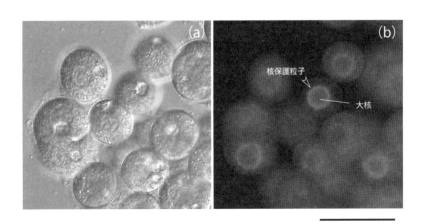

図45　コルポーダの休眠シストの微分干渉顕微鏡写真（a）と蛍光顕微鏡写真（b）
　　　［文献（10）より改変］

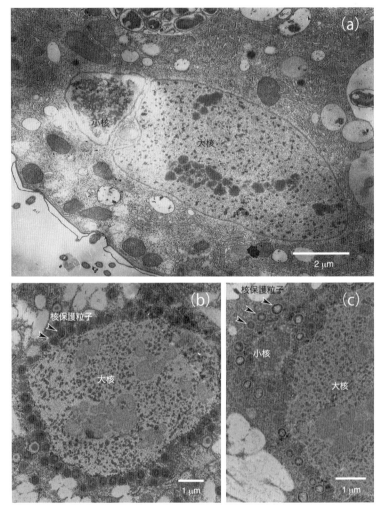

図 46　コルポーダの栄養細胞の核 (a) と休眠シストの核 (b、c)
［文献 (10) より転載］

図版に転載した論文と書籍

(1) 松岡達臣・松島 治 編著（1998）生物学 – 分子が語る生命のからくり –
朝倉書店

(2) Watoh, T., Sekida, S., Yamamoto, K., Kida, A., Matsuoka, T. (2005)
Morphological study on the encystment of the ciliated protozoan *Colpoda
cucullus. J. Protozool. Res.* 15: 20-28

(3) 松岡達臣 著（1994）生命の科学（第2版）西日本法規出版

(4) 松岡達臣・松尾奈美・前迫潤子・重中義信（1983）淡水産原生動物の分
布 I. 広島市と東広島市の周辺地域 . 広島大学生物学会誌 49: 13-18

(5) Matsuoka, T., Shigenaka, Y. (1984) Localization of calcium during
axopodial contraction in heliozoan, *Echinosphaerium akamae. Biomed.
Res.* 5: 425-432

(6) Matsuoka, T., Ishigame, K., Muneoka, Y., Shigenaka, Y. (1986) External
factors which induce the rapid contraction of heliozoan axopodia. *Zool. Sci.*
3: 437-443

(7) Matsuoka, T., Shigenaka, Y., Naitoh, Y. (1985) A model of contractile
tubules showing how they contract in the heliozoan *Echinosphaerium. Cell
Struct. Funct.* 10: 63-70

(8) Funadani, R., Suetomo, Y, Matsuoka, T. (2013) Emergence of the
terrestrial ciliate *Colpoda cucullus* from a resting cyst: rupture of the cyst
wall by active expansion of an excystment vacuole. *Microbes Environ.* 28:
149-52

(9) 十亀陽一郎・松岡達臣（2017）真核単細胞生物コルポーダの休眠機構解
明に向けた生理・生化学的アプローチ . 比較生理生化学 34: 116-122

(10) Matsuoka, K., Funadani, R., Matsuoka, T. (2017) Tolerance of *Colpoda
cucullus* resting cysts to ultraviolet irradiation. *J. Protozool. Res.* 27: 1-7

(11) Funatani, R., Kida, A., Watoh, T., Matsuoka, T. (2010) Morphological
events during resting cyst formation (encystment) in the ciliated protozoan
Colpoda cucullus. Protistol. 6: 204-217

(12) Kida, A., Matsuoka, T. (2006) Cyst wall formation in the ciliated
protozoan *Colpoda cucullus*: cyst wall is not originated from pellicle
membranes. *Inv. Surv. J.* 3: 77-83

(13) Sogame, Y., Kojima, K., Takeshita, T., Kinoshita, E., Matsuoka, T. (2014) Identification of differentially expressed water-insoluble proteins in the encystment process of *Colpoda cucullus* by two-dimensional electrophoresis and LC-MS/MS analysis. *J. Euk. Microbiol.* 61: 51-60

参考書籍

現代生物学入門　E. ローゼンバーグ 著／今堀和友 訳　培風館（1974）
ゾウリムシの遺伝学　樋渡宏一 編　東北大学出版会（1999）
キャンベル生物学（第7版）小林 興 監訳　丸善（2007）

参考論文

岩楯 好昭 (2002) ゾウリムシ・ディディニウムのエクストルゾームの放出とカルシウム．原生動物学雑誌 35: 135-141

春本 晃江 (2002) ゾウリムシのトリコシストの防御機能．原生動物学雑誌 35: 125-133

石田正樹・冨永貴志（2006）ゾウリムシの収縮胞複合体．原生動物学雑誌 39: 157-171

伊関峰生（2007）ミドリムシにおける光センシングの分子機構．原生動物学雑誌 40: 93-100

Maeda, M., Naoki, H., Matsuoka, T., Kato, Y., Kotsuki, H., Utsumi, K., Tanaka, T. (1997) Blepharismin 1-5, novel photoreceptor from the unicellular organism *Blepharisma japonicum. Tetrahedron Lett.* 38: 7411-7414

Satir, P., Matsuoka, T. (1989) Splitting the ciliary axoneme: Implications for a 'switch-point' model of dynein arm activity in ciliary motion. *Cell Motil. Cytoskeleton* 14: 345-358

漆原秀子（2007）細胞性粘菌のゲノムでみる多細胞化の舞台裏．生命誌ジャーナル（http://www.brh.co.jp/seimeishi/journal/052/research_11_2.html）

おわりに

　僕が水中の微小な生き物に特別な興味を抱いたのは、中学1年のときの夏休みのことでした。きっかけは、夏休みの自由研究でした。小中学生向きにやさしく書かれた中村浩先生の「顕微鏡下のふしぎ」という本をたよりに、家の前の田んぼから水をとってきては、友人から夏休み中借りっぱなしの顕微鏡を覗く毎日です。一滴の水のなかには、生命の神秘に思いを馳せるような小宇宙が広がっていました。微生物を見つけると、この本をたよりに種類を調べ、何とか美しい色や形を残したままの永久標本をスライドガラス上に残そうと苦闘しましたが、標本作製の知識のかけらもない中学生にできるはずもありません。

　顕微鏡など子供の遊び道具のたぐいとしか思ってなかった親も、勉強をせず顕微鏡ばかり覗いている僕を、めずらしくとがめませんでした。しかし、夏休みの終わりとともに、僕の科学者のまねごとも終わり、顕微鏡下に見た静かな世界の記憶と科学へのあこがれは、現実のなかに埋もれていきました。少しでもいい大学の経済学部あたりに入って、少しでもよい会社に就職して……。

平凡な人生設計を思い描きつつ受験勉強をしていた高校3年の秋の夜のことでした。ひと息ついたとき、本棚にあった「顕微鏡下のふしぎ」に目が止まりました。遠い昔の夏休みの記憶が鮮明に呼び戻され、何時間もページをめくっていたのでしょう。本を棚にもどしたときは、もう夜が明けかけていました。そのときには、理学部の生物学科を受験することを決心していました。

　あれからもう40年の歳月が流れました。その間ずっと単細胞生物の研究をする幸運にも恵まれました。しかし、「単細胞生物なら生命のしくみをすぐにでも解明できるかもしれない」という甘い考えは見事に打ち砕かれました。本書でも紹介したように、単細胞生物は原始的な下等生物とは思えないくらい高度なしくみを備えた細胞で、その遺伝子の数はヒトと同じかそれ以上あるのです。単細胞生物には、ヒトなどの動物細胞にはみられない多様な構造や機能が備わっているようです。将来、単細胞生物の研究において、生物学の常識を覆すような生命機構もきっと見つかるでしょう。

［一部は岩国市ミクロ生物館ニュース13号に掲載したもの］

（http://micro.shiokaze-kouen.net/content/mail2.php?nmb=270）

著者略歴

松岡 達臣 *Tatsuomi Matsuoka*

高知大学 理工学部 生物科学科 教授

1975 年　山口県立高森高等学校卒業
1979 年　高知大学文理学部卒業
1985 年　広島大学大学院単位取得退学
1986 年　理学博士（筑波大学）
1986 年　米国アルバート・アインシュタイン医科大学研究員
1988 年　高知大学　助手
1992 年　同　助教授
1999 年　同　教授

日本原生生物学会会員、専門分野は、原生生物の分子生理学、光生物学
日本原生動物学会賞（2000 年）を受賞
主な著書に、生命の科学（単著、西日本法規出版、1994）、
生物学－分子が語る生命のからくり－（編著、朝倉書店、1998）、
実験単（分担執筆、エヌ・ティー・エス、2015）

細胞進化の極限に挑んだ
単細胞生物のはなし

発行日：2018年4月1日
著　　者：松岡 達臣
発行所：(株)南の風社
　　　　〒780-8040　高知市神田東赤坂2607-72
　　　　Tel 088-834-1488　Fax 088-834-5783
　　　　E-mail edit@minaminokaze.co.jp
　　　　http://www.minaminokaze.co.jp